DE LA

DOMBES AGRICOLE,

DE SES ÉTANGS

ET DES NOVATEURS.

DE LA

DOMBES AGRICOLE,

DE SES ÉTANGS

ET DES NOVATEURS.

Par F. Ponchon.

LYON,

IMPRIMERIE DE PÉLAGAUD ET LESNE,

Halles de la Grenette.

1839.

DE LA

DOMBES AGRICOLE,

DE SES ÉTANGS

ET DES NOVATEURS.

Il faut d'abord le déclarer pour justifier cette tardive esquisse : je ne crois pas plus au dessèchement des étangs de la Dombes, que ce rustre connu de par le monde ne croyait à la culpabilité du juste de l'Attique ; mais, lassé comme lui d'entendre éternellement bourdonner le même mot à mon oreille, d'instinct, plutôt que d'un franc vouloir, je saisis la coquille, et inscris mon rapide suffrage ; toutefois avec plus que lui, je l'espère, de respect et d'amour pour l'équité.

Qu'on ne s'attende donc pas à trouver, dans ce peu de lignes, des recherches savantes sur l'origine des étangs ; qu'on n'y cherche pas mieux ces définitions ingénieuses, ces peintures vraies des localités et de leurs usages : le travail qui traite de toutes ces choses *ex professo* et en détail, avec une érudition remarquable, un style plein de force et de grâce, et une raison, une modération enchanteresse, n'est point à faire ; M. Guerre l'a mis au jour, et certes pour quelques assertions, rares, bien rares et peu importantes, qui me sembleraient douteuses à moi, je n'aurai pas la ridicule prétention de recommencer ce qui a été si bien exécuté ; loin de là, j'en recommanderai instamment la lecture à ceux qui voudront me croire, leur promettant qu'ils n'en retireront pas moins de plaisir que d'instruction. Ma mission à moi, celle que j'accepte tardivement, sera d'envisager à grands traits l'ensemble des choses, et d'en faire mieux ressortir quelques points de vue qui me paraissent n'avoir pas été mis assez à découvert. Maintenant :

On demande le desséchement des étangs. D'emblée, moi, je demande : Est-ce au nom de l'intérêt public ou de l'intérêt particulier ? on n'hésite pas : Au nom de l'intérêt public. C'est donc à dire que les étangs de la Dombes étendent leur influence sur les contrées voisines, et en altèrent la salubrité. S'il en est ainsi, vous êtes dans votre droit; avec ou sans indemnité, au besoin, pourfendez ces chaussées homicides, faites écouler torrentueusement ces arsenaux de miasmes délétères. Le droit d'être, incontestablement le plus sacré des droits, quand il s'agit de l'homme, en dehors de toutes les stipulations, et s'il le fallait malgré toutes les stipulations contraires, a toujours son article 14, comme l'a dit, avec un sens si profond, et par là si éloquemment, de toute charte, le défenseur de ces hommes clairvoyants et dévoués, mis en accusation naguère pour avoir pressenti ce que tout le monde voit et sent aujourd'hui.

Mais réfléchissez-y bien, est-ce véritablement au nom de l'intérêt général que vous élevez vos réclamations? Ne confondriez-vous point les étangs de la Dombes avec certain étang isolé, construit dans des vues tout à fait particulières, au milieu d'un pays dont il dénaturerait l'atmosphère, et contre lequel s'élèveraient les plaintes journalières des habitations voisines? Oh! certes oui, contre un tel établissement qu'on invoque l'intérêt général, rien de plus logique ne se dira ni ne se fera jamais. Mais dans la Dombes....., ce serait étrangement s'abuser, il me semble.

Certes, tout individu est bien maître d'embrasser la profession qui lui convient, périlleuse ou non, pourvu que les dangers qui en résultent ne puissent point atteindre ses concitoyens; ainsi en est-il de cette autre unité, de toute province: chacune peut bien se livrer au genre d'industrie ou d'agriculture qui lui semble bon, pourvu que son choix ne soit en rien nuisible aux provinces voisines. Seulement, dans le cas où cette industrie entraînerait quelque inconvénient pour la localité, il faut qu'il y ait accord entre les habitants de cette localité. Or, les étangs de la Dombes étendent-ils leur influence sur les contrées environnantes? en aucune manière; dès qu'ils cessent ou plutôt dès que cesse la couche d'argile qui est leur principe obligé, cessent les fièvres intermittentes; et là même la nature animale et végétale prend sensiblement un nouvel essor. Les étangs de la Dombes sont-ils repoussés par la population ou même par une partie sensible de la population? loin de là, l'instinct est sans partage sur leur compte, chacun les considère comme la source de toute existence possible, de tout bien-être.

Vainement un écrit brillant de style et d'érudition a prétendu les entacher d'une origine féodale; personne ne s'en est épouvanté: car le principe de leur existence est encore dans toute sa vigueur, et à cet égard quiconque le peut fait de la féodalité à l'assentiment universel. J'ajouterai de plus que, ce principe fût-il incontestablement tel qu'il apparaît à M. Digoin, il ne porterait aucune atteinte à l'existence de la propriété qu'il frappait. De ce qu'une vigne ne pouvait se planter sans payer la dîme au seigneur, s'ensuit-il qu'on ait le droit de faire arracher toutes les vignes qui ont été soumises à ce tribut? le beau service que vous rendriez là au pauvre vigneron, et la plaisante manière d'entendre l'indépendance du siècle! Mais il n'en est rien, on ne paye plus de dime, et l'on garde la vigne. Ainsi en va-t-il des étangs; quelle que soit leur origine, ils ont le droit d'être, et on les conserve parce qu'ils sont utiles à tous.

De tout ceci il résulte évidemment que la lutte n'est point établie en faveur de l'intérêt général, mais bien au profit de l'intérêt particulier : ce sont quelques hommes qui prétendent faire prédominer leurs lumières, et, si l'on veut, leur philanthropie sur l'intelligence, l'expérience et l'instinct de toute une province. Il faut donc de rigueur, dans cette entreprise, renoncer à prendre pour devise : *intérêt général*, et se contenter de celle-ci : *intérêt particulier*, dont la définition dans l'hypothèse est : *supériorité intellectuelle*.

Or, dans l'espèce, recourir au pouvoir, à la contrainte civile, ne serait qu'une révoltante injustice; car, nous le répétons, le droit que l'on respecte dans un individu qui n'est point frappé d'interdiction, on doit le respecter dans une province non encore atteinte et convaincue d'aliénation mentale; et comme on permet, au grand avantage de la société, que des citoyens embrassent les professions périlleuses de couvreur, de mineur, de verrier, de matelot, l'on doit souffrir, dans le même but d'utilité générale et de liberté particulière, que certaines provinces se consacrent obstinément à la rizière périlleuse, que d'autres confectionnent des étangs pour élever du poisson et fertiliser leurs champs stériles, que d'autres cultivent le chanvre au risque de corrompre ou du moins d'altérer, pour le faire rouir, les belles eaux et l'air pur dont les avait dotées la nature. Pour effectuer la réforme il n'y a donc que deux moyens : la conquête, dont le baptême de sang légitime tout, ou la persuasion, que personne ne reniera jamais. Quant à la conquête, il faut la mettre de côté, je pense, et nul philanthrope ne l'appellera au secours de ses utopies Bressanes, ou le ferait en vain. Gélon, il est bien vrai, pour unique prix de sa victoire, imposa aux Syracusains l'obligation de respecter la vie de leurs enfants et de n'en plus immoler à leurs Dieux; mais, d'une part, Montesquieu n'hésite pas à classer cette modération parmi les traits de l'héroïsme et le plus rare et le plus pur qu'ait à revendiquer aucun conquérant; et de l'autre, tout importante que fut cette concession arrachée des mains de la barbarie au profit de l'humanité, ce n'est pas pour l'obtenir que Gélon arma ses phalanges; et d'ailleurs enfin, l'Europe et ses rois ont bien autre chose à faire que de dresser leurs catapultes contre nos frêles chaussées de boue et d'argile. Reste donc à la persuasion, et seulement à elle, le droit de tenter et d'opérer la réforme. Eh bien! nous voici prêts, qu'elle agisse; toutefois qu'elle se mette bien en tête que ce ne sont pas des déclamations ni des utopies qu'il nous faut, mais de belles et bonnes raisons, n'importe leur hauteur ou leur profondeur.

Pour mon compte, je l'avoue naïvement, cultivant la Dombes depuis vingt-trois ans, non en théoricien, mais en homme d'action, pêchant, empoissonnant moi-même mes étangs, et me mêlant sans intermédiaires à tous les détails des travaux agricoles, je serais fort étonné qu'âme vivante, sous le soleil de la Dombes, eût des aperçus sur la matière qui fussent de l'algèbre pour moi, comme on entend dire ; et du reste, plusieurs centaines de mes co-intéressés se rendraient la justice d'en penser autant sur leur propre compte, et auraient au besoin la franchise de l'avouer.

Voyons donc, à l'abri du droit canon et des atteintes de la loi que nous voici, au sein de la bonace que nous nous sommes faite, voyons donc ce que la supériorité intellectuelle, s'exprimant par son organe obligé la persuasion, veut bien faire ou ne pas faire de nos vastes steppes, de nos maigres argiles, de nos riches étangs, de notre expérience, de notre intelligence, de nos fortunes, de notre instinct, des moyens d'existence de nos métayers et de nos familles.

Elle le dit assez haut pour que personne n'en ignore : la supériorité intellectuelle veut dessécher les étangs de la Dombes pour en assainir l'air.

Assainir l'air serait très-sage, mais le pouvez-vous ? lui répondent soudain l'expérience et l'observation ; le contraire ne doit-il pas être démontré pour tout esprit désintéressé ? En effet, pendant environ quatre mois de l'année la Dombes est transformée en une espèce de marais tremblant, par les eaux que son enveloppe d'argile retient à sa surface : marchez à l'époque des pluies dans un pré, dans une terre, même dans un chemin qui ne soit pas trop fréquenté, et vous sentirez la terre frémir sous vos pas comme dans un marais, moins fortement à la vérité ; et autour de vous vous entendrez un pétillement, un certain *flou, flou, flou* qui dénote la présence de l'eau, et une terre qui en est saturée sans pouvoir s'en affranchir ; et pendant les douze mois de l'année, les prairies et la plupart des localités basses par lesquelles s'opère naturellement et forcément le suintement de ces eaux, puisqu'elles ne peuvent se perdre dans la profondeur de la terre, forment sinon des marais proprement dits, du moins un sol toujours humide et transpirant, d'où s'échappent des miasmes plus ou moins délétères selon la saison et l'état atmosphérique : voilà la plaie de la Dombes, et non pas vos étangs.

Il est bien vrai que pour obvier à cette fâcheuse spécialité du sol, on parle de l'entr'ouvrir au moyen d'une meilleure culture à une plus grande profondeur ; mais, d'une part, cette prétention qui n'est que ridicule, comme je le démontrerai plus tard, n'aurait que des conséquences funestes, je le crois du moins, et vous allez en juger, si elle était couronnée du succès : plus votre couche de terre végétale aura d'épaisseur, plus elle absorbera d'eau, et plus il lui faudra en rendre à l'atmosphère et en faire écouler par ces exutoires miasmatiques dont nous venons de parler ;

et partant, plus votre pays marécageux sera insalubre. Il est donc bien constant que des causes étrangères à l'existence des étangs, et indestructibles, concourent à altérer la pureté de l'air de la Dombes(1) ; et pour mieux vous convaincre de cette vérité lisez l'excellent mémoire de M. Guerre, et notamment les pages 8, 9, 10 et 11 ; vous y verrez entre autres que Vitruve définissait la Bresse, il y a dix-huit cents ans : *une contrée marécageuse dont les eaux donnent le goître.*

Mais n'est-ce pas encore une preuve incontestable que les étangs en général ne sont pas absolument malsains, que ces étangs nombreux qu'on rencontre au milieu de pays d'ailleurs très-bons et très-sains ? Pour mon compte, j'en ai vu et en assez grand nombre dans le Dauphiné, sur les rivages desquels, conduits par des bergers dispos et bien portants, pais-

(1) J'indiquerai pourtant deux mesures de salubrité d'une exécution facile et de quelque conséquence dans leurs effets : la première consisterait à redresser le cours sinueux des rivières pour accroître leur pente insensible, et à les approfondir afin de mieux essuyer les prairies qui les bordent, dont plusieurs forment des espèces de marais ; la seconde serait, à partir du premier juillet, de labourer le rivage des étangs au fur et à mesure que les eaux les abandonneraient. Ce procédé, à la vérité, détruirait un pâturage de peu de valeur toutefois, mais il fertiliserait le sol, et surtout offrirait au soleil les moyens de dissiper en vingt-quatre heures plus de miasmes qu'il ne le fait en un temps décuple, la terre restant fermée à son action.

saient des troupeaux de l'espèce bovine d'une très-bonne nature; la population de la banlieue également portait un caractère de vigueur et même d'indépendance particulière, qui, certes, ne ressemblaient en rien à l'abattement, à la débilité dont on se plait à faire le partage des indigènes de la Bresse. Mais aussi là, les étangs à part, ne régnait pas l'éternelle et mortelle couche d'argile; au contraire le sol, en général profond et graveleux, ouvrait paternellement ses entrailles aux eaux du ciel, et ne les renvoyait pas sans pitié et sans fin dans l'atmosphère.

Et en somme ce qui semblerait prouver que ce ne sont pas les submersions méthodiques de la Dombes qui en font l'insalubrité, c'est que, bien que depuis cinquante ans les surfaces submergées s'y soient singulièrement accrues par la création de nouveaux étangs et l'agrandissement de ceux qui existaient, sous le rapport sanitaire, cette contrée est plutôt en croissance qu'en décroissement.

Mais, repart-on, de ce que les étangs de la Bresse n'en feraient pas seuls l'insalubrité, si tant il y a qu'ils y ajoutent peu ou beaucoup, et qui pourrait le nier? n'en est-ce pas assez pour autoriser leur destruction?

Voici ce que je réponds: Sans doute, lors même qu'on ne peut pas gonfler à plaisir ses poumons de l'air si vital des Alpes et des Pyrénées, il est encore infiniment raisonnable de chercher à respirer le meilleur air possible; mais il y a une chose infiniment plus raisonnable encore, c'est de s'assurer du pain, du vin, des vêtements, des chapeaux, des souliers et tous les objets nécessaires à l'existence; car sans ces choses diverses la vie est encore plus souffreteuse, et la mort arrive plus sûrement et plus tôt qu'elle ne saurait faire par l'action d'une atmosphère un peu plus ou un peu moins altérée. Or, la source de tous ces biens de première nécessité, indispensable, où se trouve-t-elle, sur la froide, argileuse et solitaire Bresse ? elle se trouve dans les étangs, et seulement dans les étangs.

Erreur, reprend-on aussitôt; la suppression des étangs n'entraînera la privation d'aucun des objets nécessaires, utiles ou même agréables à la vie ; au contraire, elle en fournira plus abondamment la contrée ; en augmentant sa richesse, en accroissant la fertilité de son sol, en métamorphosant ses bas-fonds en gras pâturages, et ses arides bruyères en riches guérets. Sans doute on ne saurait mieux dorer la pilule ; mais nous autres bons Bressans, pas mieux que le rusé serviteur d'Amphytrion, nous ne nous laissons prendre à ces cajoleries. Vainement on nous compte les merveilles futures de la terre où la Providence plaça notre berceau et où nous consentons à mourir, nous savons au juste ce qu'il en faut croire.

Oui, certains arbres forestiers, le chêne, le chêne surtout, acquièrent un assez facile développement sur le plateau de la Dombes; parce qu'apparemment l'humidité de l'atmosphère, qui convient à ses rameaux, dédommage amplement ses racines de la stérilité de l'argile où elles pivotent, comme le sapin majestueux sur les rocs décharnés des Alpes. Il n'en est pas moins évident pour nous que les céréales n'y viennent qu'à force d'engrais et de culture; qu'elles y grènent moins bien que dans aucune autre contrée; que là il est très-commun de voir les plus beaux épis se dresser contre le ciel comme des paratonnerres, tant ils sont libres du précieux fardeau de leur reproduction; que les plantes oléagineuses, tuberculeuses, par une conséquence de l'intensité des hivers et de l'humidité du sol, par la difficulté et très-souvent par l'impossibilité de leur donner les sarclages en temps opportun, n'offrent que des ressources fort éventuelles; que le trèfle, la luzerne n'y prospèrent qu'à des conditions rares à rencontrer et très-difficiles à faire naître.

Et qu'en sera-t-il de l'idée qu'il est permis de se former de cette terre Bressane, et par conséquent de la prudente timidité avec laquelle on doit toucher au système agricole qui, depuis tant de siècles, la fait vivre et la met aujourd'hui sur la voie de la prospérité, si l'on réfléchit que la date de ses progrès remarqués et réels coïncide avec celle de la sécheresse qui, depuis dix ans de bon compte, asphyxie nos arbres fruitiers et forestiers même, diminue sensiblement le cours de nos sources et en tarit absolument plusieurs, et va jusqu'à dessécher des marais existant de temps immémorial, comme j'en ai vu un entre autres sur la route de Crémieu à Lyon ? N'est-il pas en effet très-possible que l'abondance progressive des produits dont nous la voyons se couvrir cette terre humide et froide, que l'éducation des bêtes à laine qui s'y propage avec un succès marqué, soient dues en partie à l'état exceptionnel de la température; et que son retour inévitable à l'ordre préexistant ne paralyse le nouvel essor, et ne révèle à tous les yeux des obstacles sur lesquels on se plait à jeter un voile aujourd'hui ? Je ne l'affirme pas, remarquez bien, mais je dis que téméraire serait celui qui affirmerait le contraire, et qui, sur cette dénégation hasardée, oserait baser un système rénovateur de l'importance de celui que nous combattons. Du reste, quoi qu'il en soit de cette dernière observation, à laquelle je désire qu'on n'accorde pas plus de foi que je ne le fais moi-même, je me permettrai de dire aux novateurs : Vous parlez tout à votre aise de bonifier, de bouleverser le sol de la Bresse, vous ajouteriez volontiers, comme le bon homme, de n'y pas laisser une place où la main ne passe et repasse; mais avez-vous observé, que par une conséquence de son imperméabilité absolue, dès qu'arrive la saison des pluies, ses quelques pouces de terre végétale nagent pour ainsi dire dans un bain d'eau, qui les transforme, à toute atteinte imprudente de la bêche ou de la charrue, en un mortier glacial, en une espèce de *clavé*, comme on le dirait dans la langue du pays, qui, bien loin de l'ouvrir à l'heureuse influence de la gelée, au contraire ferme, pour ainsi dire, le loup dans la bergerie; la rend plus serrée, plus compacte, et par là moins bien disposée à la végétation future, et plus rebelle aux premiers efforts de la charrue printanière; qu'ainsi pendant un tiers de l'année, novembre, décembre, janvier et février, et souvent mars, le cultivateur intelligent de la Dombes doit, lui, ses valets, ses bœufs, rester oisifs en face de ses guérets, si avides pourtant de sueurs et de travail en raison de leur peu de fécondité naturelle ?

Il ne peut pas même confectionner des fossés, dont la première gelée ferait ébouler les berges; les charrois des terres, des bois, des pailles, lui sont inter dits également. Dès lors quelle masse de travaux ne s'accumule pas pour la belle saison ! il faut là, comm dans les contrées hyperborées, tout commencer, tout finir pendant les beaux jours; que de sueurs, que de bras, que de charrues ne deviennent pas nécessaires ? Dans une pareille mêlée où voulez-vous que donne de la tête une population si rare? Et cependant on parle froidement de doubler, de tripler ses travaux : il est bien vrai qu'on parle aussi de doubler, de tripler cette population si rare; mais nous verrons plus tard ce qu'il en est de la justesse de ces calculs. Suivons le cours de nos observations géologiques, et tirons-en les justes conséquences.

Parmi les spécialités de la Dombes une des plus frappantes est la légèreté de son sol; elle est telle, qu'il devient le jouet de toutes les températures un peu extrêmes ; la chaleur de l'été le rend friable comme la cendre, au point qu'alors, autour de la charrue, vole une poussière comme sous les roues d'un char sur le grand chemin ; ce qui, par parenthèse, tourmente singulièrement les bœufs, dont la tête baissée, le mufle près de terre, les contraint d'aspirer cette poussière brûlante : aussi les voit-on communément battant des flancs, tirant la langue comme une meute haletante. Les pluies d'automne arrivent-elles, aussitôt ce sol se détrempe comme de la bouillie, et cédant sans obstacle aux moindres efforts de l'eau, il part entraînant avec lui les engrais, les semences et les sueurs qu'à grands frais on lui avait confiés.

Ainsi avec une triste persévérance et une peu commune facilité, là, au fur et à mesure que le cultivateur enrichit son héritage, la nature marâtre vient l'appauvrir. On pourrait à la vérité remédier jusqu'à un certain point à ce grave inconvénient : il s'agirait de tracer des *chintres* transversales dans chaque fonds, pour interrompre le cours des eaux le long des sillons ; mais ces *chintres* il les faudrait multipliées, il les faudrait à cinquante ou soixante pas les unes des autres ; car, passé cette longueur, dans la moindre pente le sillon se ravine ; dès lors quel travail n'est-ce pas ? il faut les créer ces *chintres*, il faut les entretenir, il faut en remonter les terres, et tout cela avec une population qui déjà ne peut suffire qu'à peine à tracer ses sillons éternels et aux diverses exigences de sa grande culture.

Mais qu'est-ce que cela prouve, va-t-on dire ? cela prouve que n'ayant pas la possibilité, faute de bras, d'établir dans leurs champs les *chintres* multipliées qui y seraient indispensables, les habitants de la localité ont fait habilement en confectionnant au bas de leurs héritages ces vastes *chintres*, appelées étangs, où viennent se classer par couches horizontales et fécondantes toutes les semences, tous les engrais, toutes les sueurs prodiguées à des terres ingrates, pour s'y transformer sans travail en poisson, qui se transforme lui-même en or, et amène l'abondance et la richesse dans le pays ; en avoine, qui se transforme également en or, et amène l'abondance et la richesse dans le pays ; enfin, en paille, dont une partie se transforme aussi en or, et l'autre, après avoir fourni d'abondantes litières aux nombreux troupeaux de bêtes bovines et à laine, offre de riches engrais pour remonter dans ces terres ingrates et les raviver dans leur défaillance sans cesse renaissante.

Qu'on veuille bien réfléchir à l'esquisse incomplète de cette habile ou du moins si heureuse rotation, ensuite que l'on tienne pour certain que son résultat, comme je le prouverai plus tard, est au moins de deux millions en beaux et bons écus sonnants et monnayés, pour cette terre naguère encore de désolation ; et l'on saura me dire si l'on peut raisonnablement rien entreprendre contre une si belle économie, avant d'avoir une population nombreuse à lui opposer et de vastes greniers d'abondance pour la nourrir.

Je le sais très-bien, la réplique est toute prête dans la bouche de nos adversaires, et si j'ai différé de l'accueillir, ce n'est pas pour l'éluder : le manque de bras vous effraie, disent-ils ; tranquillisez-vous, dès que vous aurez pourfendu du haut en bas les chaussées de vos étangs, une métamorphose complète va s'opérer dans votre climat : la fièvre s'en exile avec les miasmes qui la causent, et aussitôt vous allez avoir un accroissement de population qui satisfera à tous les besoins du sol.

D'abord je rappellerai le résultat de mes démonstrations à moi, page 11 de cet écrit, et celles des pages 8, 9, 10 et 11 du Mémoire de M. Guerre, savoir : que, tout importante que puisse être à la rigueur pour la salubrité du pays la destruction des étangs, il est incontestable que la Bresse, avec son absence de pente et ses argiles universelles, n'en resterait pas moins une des contrées de France les moins favorisées sous le rapport des qualités de l'air ; et alors je le demanderai, pourquoi supposez-vous que vos voisins vont déserter le pays natal pour venir affluer sur votre nouvelle terre ? l'avez-vous donc faite si fertile, si enchantée, que cette migration en sa faveur soit si probable que vous paraissez le croire ? Le Bourbonnais, la Champagne, la Bourgogne ne seront-elles pas pour vous éternellement des rivales redoutables? n'offrent-elles pas largement le double et le triple de produit à une population double et triple qui s'y porterait, et par-dessus tout cela un air pur? cependant voyez-vous les habitations s'y rapprocher, la culture s'y échauffer sensiblement?

Il est vrai, dira-t-on peut-être; mais ces diverses contrées ne sont pas, comme la Bresse, limitrophes d'une immense et populeuse cité, qui encourage les efforts du producteur en lui assurant un débit avantageux de ses produits. Il est vrai, repartirai-je à mon tour, Lyon consomme incomparablement plus que Moulins, Dijon, ou Troyes; mais ses innombrables machines, son industrie toujours croissante absorbent dans une proportion incomparablement plus grande encore de l'intelligence, des bras et de la sueur.

D'ailleurs, l'expérience n'a-t-elle pas déjà trop démontré, peut-être, la préférence qu'en général les travailleurs des deux sexes, dans les meilleurs pays, accordent aux occupations casanières et bien rétribuées de la grande ville à celles moins lucratives et plus pénibles, quoique plus assurées et plus saines, des champs? Dans tous les cas, en mettant de côté la circonstance particulière de l'excessif développement industriel de Lyon, dont néanmoins en bonne logique il faut bien tenir un compte exact dans la supputation des bras que l'on s'engage à faire mouvoir dans la banlieue, et dans le prix de la main-d'œuvre dont on se rend tributaire ; et n'envisageant, de la proximité de cette ville, que sa consommation des produits agricoles, c'est-à-dire que ce qu'elle a de favorable à l'industrie des champs, je demanderai si autour de Lyon tout est plein, si toutes les localités environnantes sont surchargées d'habitants, ou du moins en sont suffisamment pourvues ; et si au contraire on ne rencontre pas de vastes territoires qui appellent une meilleure culture, et qui dédommageraient amplement des capitaux qu'on leur consacrerait et des sueurs dont on les arroserait.

La seule plaine de la Vallebonne, par exemple, dont l'abord est si facile, l'air si pur, le prix si bas, qu'on peut minutieusement pendant tout l'hiver épierrer et préparer avec la bèche ou la houe ; eh bien ! ce sol, il semble si bien approprié par sa nature et sa position à la petite culture et aux petites bourses, le voit-on se peupler et se garnir de nouvelles habitations? pas du tout, chacun le regarde et passe avec indifférence, l'esprit préoccupé de ses champs en valeur et dès longtemps fertilisés. Dès lors pourquoi voulez-vous qu'on se jette tant dans votre Bresse? pour avoir plus qu'ailleurs les pieds dans la boue et la tête dans les brouillards? Certes, si ce n'est pas un motif suffisant pour la repousser, ce n'en est pas un pour lui donner la préférence.

Enfin, une induction à laquelle il est bien difficile, ce semble, pour un esprit juste et impartial de ne pas se rendre, c'est que si, de tout temps, le plateau de la Dombes n'eût pas présenté moins de séduction, moins d'avantages que les localités environnantes, la population s'y trouverait en équilibre avec les besoins, et l'on n'aurait point eu recours à ce parti extrême, à ce pis aller : les étangs.

Or, encore une fois, je le demanderai : sur quoi vous fondez-vous pour espérer de voir surgir tout à coup cette prédilection, cet engouement pour vos cinq ou six pouces de terre végétale, et votre éternelle couche d'argile, qui, semblable au muid des Danaïdes renversé, et non moins funeste dans cette position que dans l'autre, renvoie sans cesse dans l'atmosphère l'humidité, les miasmes et l'azote qu'elle empêche de s'abîmer dans les entrailles de la terre? Si vous transformiez votre Bresse en un pays de cocagne, en un sol gras, sain et fertile, en attendriez-vous davantage? et même voit-on que les cultivateurs, que les agronomes s'arrachent les terres fortes du Bourbonnais et les champbons du Forez? s'opère-t-il en leur faveur aucune migration des pays moins favorisés?

Il faut bien le comprendre, l'homme a des intérêts complexes, aussi bien que toutes les espèces vivantes et même mortes. Quant à lui, un sol fertile, du pain, de la viande en abondance ne lui suffisent pas; il lui faut autre chose, il lui faut l'air, l'eau, l'aspect, le je ne sais quoi des coteaux et des montagnes; c'est là que la patrie a pour lui des charmes indicibles, qu'il aime à vivre, qu'il sent le besoin de venir mourir ; c'est là que, dans la plénitude de la vie, il se multiplie à l'égal du besoin du sol et bien par delà : aussi est-ce de là que s'élancent journellement ces colonies nombreuses qui vont au loin raviver les champs et les cités, comme en dépose la Savoie, l'Auvergne et le Limousin ; c'est là que communément, au mépris des plaines grasses et fertiles qui l'entourent, on lui voit faire de la terre végétale avec le pic et la masse, et la baigner de sa sueur ; enfin c'est là que, dans sa passion pour le pays natal, il se résigne, faute d'autre surface, à suspendre son manoir à des rochers stériles, semblables à des nids d'aiglons.

Remarquez-le sous vos yeux mêmes, les vastes et faciles rivages de vos deux fleuves, qui tendent les bras pour ainsi dire à la population, parviennent-ils à la dégoûter de ses coteaux si ruineux pour y construire et si dispendieux pour y vivre ? C'est en vain ; on ne triomphe pas comme cela des répugnances et des prédilections natives des hommes ; ce n'est qu'au délire des séductions de les leur faire lentement et momentanément oublier. Or, quel objet de délire, quelle matière à séduction sera-ce jamais que vos argiles humides, arides et solitaires ?

C'est ici le lieu d'examiner plus particulièrement l'utopie agricole des réformateurs. D'abord ils ne balancent pas : c'est en prairies fertiles, c'est en gras pâturages qu'ils transforment une grande partie des étangs; mais, d'une part, je me permettrai de leur demander s'ils savent bien ce que coûte un étang de Bresse pour le mettre en pré. L'expérience leur a-t-elle démontré qu'il faut le labourer plusieurs années de suite, pour diviser, pour ameublir cette espèce de sédiment, de mastic, appelé *bleton* dans le langage du pays, formé par le séjour prolongé des eaux ; qu'il faut couvrir cette terre glaciale de fumier, la première année et les années subséquentes ; et qu'au total, engrais, travail, semences et non-valeurs comprises, un pré ne se fait pas dans les étangs ordinaires de la Bresse sans un débours de la part du propriétaire égal à la valeur primitive de son sol ? et cela pour aboutir à quoi très-souvent, à remettre la charrue dans ce ruineux et stérile pré pour en faire une terre ingrate d'abord, et l'abandonner incessamment aux bruyères ou aux genêts. Quant à moi, je connais maints étangs dont je ne consentirais pas à accepter la propriété aux conditions de les réduire en pré. Dès lors voyez quelles ressources c'est que cela, et s'il est permis de baser là-dessus un système aussi vaste et aussi hardi.

Enfin, les novateurs savent-ils que le fourrage récolté dans les étangs, si dispendieusement métamorphosés en prés, comme celui récolté sur la plus grande partie du plateau de la Dombes, serait d'une qualité très-médiocre et tout à fait peu approprié à l'espèce bovine ? Les chevaux, les petits chevaux du pays, peut-être même les bêtes à laine pourraient-elles y trouver, à la rigueur, une suffisante pâture; mais il doit être démontré à tous les agronomes, qu'il est bien loin de pouvoir fournir au développement et à l'entretien des bêtes à cornes d'une bonne nature.

M. Greppo, je le sais, dans ses étables du Montelier, se livre avec assez de succès à l'élevage de la race bovine; mais je sais aussi que M. Greppo, pour arriver à ce résultat, consomme abondamment des tubercules de toute nature et même de céréales, de seigle, d'avoine, etc. Or, cette manière dispendieuse d'arriver au but, peut-on la classer parmi les moyens d'une application générale? Comment, avec des procédés de cette nature, la Dombes pourrait-elle soutenir la concurrence avec les autres contrées? Sans exagération, un bœuf du Montelier revient à un prix d'une moitié plus haut que celui des pays de bons fourrages, de la Bourgogne, du Charolais, etc. Dès lors, je ne vois pas pourquoi les éleveurs abandonneraient tout autre pays pour venir exercer leur industrie dans votre pays. Ce n'est pas tout encore, les prés du Montelier, dont les fourrages obtiennent un demi-succès, mais notoirement n'obtiennent que cela, sont par leur position et leur sol des meilleurs de la banlieue; ce n'est pas tout encore, c'est que M. Greppo sème par an huit à neuf cents bichets d'avoine dans ses étangs, qui lui fournissent six à sept mille quintaux de paille; que d'abord il transforme en fumier dans ses étables, et qu'après il dissémine sur ses prés. De la sorte il faut bien, bon gré malgré, qu'une certaine quantité de fourrage, et même de fourrage d'une certaine qualité, surgisse au temps voulu à la surface du sol. Mais de cette culture forcée qu'elle est l'âme? vous le voyez, je pense : oui, imposez à M. Greppo l'obligation de détruire ses étangs, de renoncer par conséquent aux sept ou huit mille quintaux de paille qui, sans engrais et presque sans travail, tombent magiquement à la porte de ses bergeries, et je le défie d'entretenir ses prés, ses bestiaux et ses terres sur le pied seulement où ils sont aujourd'hui, bien loin qu'il puisse les pousser plus avant dans une voie de progrès; à moins qu'il n'en appelle à des procédés ruineux et d'ailleurs non admis : car toute grande agriculture doit se suffire à elle-même; et ce n'est qu'aux jardiniers, aux vignerons, aux hommes de la petite culture de se faire une ressource des engrais des villes.

A l'appui de mon opinion je citerai encore le domaine de la Contentinière, qui certainement est un des mieux pourvus de prés des environs, et dont le métayer Renaud est un des cultivateurs les plus intelligents : eh bien! malgré sa surveillance, malgré mes observations constantes et détaillées, malgré le soin qu'il met à acheter pour élever des veaux de la plus belle venue, à les nourrir dix-huit mois à l'étable avec le meilleur foin, à les abreuver avec des eaux bonifiées par l'ébullition et des substances farineuses, jamais, depuis bientôt vingt-trois ans que je me complais à inspecter, pour ainsi dire, le croît de son cheptel, je n'en ai vu sortir une bête d'une certaine force, et au contraire chaque année, à mon nouvel étonnement, je le vois contraint de se rendre tributaire de l'Auvergne ou de la haute Bresse pour ses bœufs de labourage.

Et une chose bien remarquable, c'est que les foins, l'eau peut-être, l'alimentation en général de la Dombes n'est pas seulement contraire au développement de l'espèce bovine, elle porte coup à l'animal même qui y arrive tout développé; il est incontestable qu'un bœuf exotique, à moins de soins particuliers, ne passera pas impunément trois mois dans les pacages ou dans les écuries de la Bresse, sans qu'on aperçoive en lui une déperdition sensible de vigueur et de force. Ce n'est point que je prétende ici dénigrer un pays que j'affectionne au contraire, et dont j'entrevois et je prédis comme bien d'autres le meilleur avenir; mais je regarde que s'il est convenable de prévenir le découragement, il ne l'est pas moins de combattre les espérances chimériques, sources de toutes les ruines publiques et particulières.

Par exemple, ne dit-on pas que les cultivateurs Bressans remarquent que, depuis l'emploi des charrues en fer, l'eau ne séjourne plus comme auparavant dans les sillons; qu'elle est absorbée par les dix ou douze pouces de terre remués par ces charrues, et n'en conclut-on pas la possibilité d'assainir toute la Dombes par le recours universel à ce remède héroïque? En vérité, quand on entend tenir de pareils discours, il faut bien se résigner à subir le choc de toutes les combinaisons possibles de la parole.

Eh quoi! trois ou quatre pouces d'argile perméabilisés, si je puis ainsi parler, vont absorber sensiblement les eaux du ciel tombées sur la surface du sol! Vous ignorez donc que deux heures de pluie satureront et par de là vos trois ou quatre pouces de nouvelle terre, et qu'une fois saturés ils sont rigoureusement comme non avenus? Car la couche mère d'argile, baissée de trois ou quatre pouces, repoussera les eaux avec autant de puissance qu'elle l'aurait fait trois ou quatre pouces plus haut.

Que si maintenant nous abordons la prétention avouée de soulever, d'éventrer toute la Dombes, pour ouvrir là comme ailleurs les entrailles de la terre aux eaux surabondantes de sa surface, oh! c'est alors que l'ébahissement sera en nous tout ce qu'il peut être dans intelligence humaine, et que nous nous verrons contraint de nous écrier:

Oui, sans doute, on peut être, et les faits le démontrent assez, homme d'honneur, homme probe, homme habile en plus d'un genre, et partager cet engouement; mais en économie rurale, être habile plus que toute une province, l'être à ce point transcendant de métamorphoser, de régénérer, d'enrichir tout un pays à la barbe de ses propres habitants, non, non, n'y comptez pas. L'habileté peut errer sans doute, mais je ne pense pas que jamais elle ait été surprise en pareille forfaiture. Eh quoi! vous prétendez changer, dénaturer les éléments d'un sol de quarante lieues carrées !

Le baron de Rothschild, comme on sait ou du moins comme beaucoup de gens savent, a bien obtenu dernièrement ce genre de succès sur le sol de l'esplanade qui est en face de son château, dont le fonds siliceux absorbait tellement toute humidité qu'aux premières chaleurs du printemps le gazon se fanait et perdait toute verdure. Mais comment s'y est pris le riche financier? D'abord il a fait enlever une couche de terre de deux pieds d'épaisseur sur toute la surface qu'il voulait bonifier, et déposer une vaste cuvette en plomb au fond de cette tranchée, après quoi on l'a comblée de cette même terre : de la sorte les eaux se trouvant invinciblement séparées des abîmes siliceux qui les absorbaient jadis, par la couche métallique opposée à leur pondération, restent forcément à la surface et y en entretiennent la fraîcheur, absolument d'après les mêmes lois selon lesquelles la nature agit sur tout le plateau de la Dombes avec sa cuvette d'argile.

Mais savez-vous ce qu'a coûté au riche baron cette Bresse artistique? soixante mille francs. Or, soixante mille francs par arpent ou même par hectare, c'est un peu cher. Très-bien, dira-t-on, mais c'est l'opération contraire qu'il faudrait effectuer ici ; c'est le sol qu'il s'agirait seulement de perforer, et ceci n'est rien ou du moins peu de chose. Vous croyez cela ? eh bien! moi, je suppose que la seconde entreprise serait aussi ruineuse et plus difficile que la première. En effet, ce n'est point d'un simple travail de surface qu'il s'agit ; mais d'une profonde couche d'argile qu'il faut soulever, diviser, perméabiliser. Cette couche, d'après le niveau des puits, qui doit, il semble, servir de base, ne saurait avoir moins de huit à dix pieds d'épaisseur : voilà donc une fouille de huit à dix pieds qui vous est imposée sur toute la surface de la Dombes. Quel travail ! quelle chimère ! et même arrivés là, que ferez-vous ? direz-vous comme Pyrrhus : nous nous reposerons; désabusez-vous, votre œuvre n'est pas même ébauchée. Cette perforation, il faudra la recommencer éternellement ; cette mixtion, il faudra l'agiter éternellement, parce qu'éternellement la matière première dont elle se compose, le sol, reprendra sa consistance et son imperméabilité naturelle ; et une seule année, un seul hiver le rendra aussi argile qu'il le fut jamais. N'est-ce pas même du mélange de la terre végétale avec l'argile que nous formons la meilleure *clave* pour nos chaussées ? et ne voyons-nous pas sans cesse la terre de nos étangs, malgré la charrue qui l'ouvre tous les deux ans, malgré les gelées, les chaleurs, toutes les influences diverses de l'atmosphère qui l'élabore à cru, tous les deux ans aussi, se transformer par le séjour de l'eau en une espèce d'argile noire, dont j'ai déjà parlé, connue sous le nom de *bleton*, que l'eau ou les racines ne pénètrent pas mieux ou guère mieux que l'argile rouge vulgaire ?

Du reste, nos verchères, ces précieuses parcelles de fonds auxquelles il serait chimérique d'espérer pouvoir jamais égaler la vaste plaine de la Dombes; eh bien! ces verchères, toutes élevées qu'elles sont de deux ou trois pieds au-dessus du sol primitif par l'abondance des terreaux dont on les charge depuis un temps immémorial; toutes divisées, toutes réchauffées qu'elles peuvent être par les fumiers dont on les couvre chaque année, essayez de les fouiller ou seulement de les traverser, soit à pied soit à cheval, dans la saison des pluies, et vous verrez s'il y a une différence bien sensible entre ce sol factice et ce sol primitif, et si vous n'entendrez pas, au moindre effort de votre instrument tranchant, sous vos pieds ou sous ceux de votre monture, ce *flou flou* déjà signalé qui dénote la présence de l'eau et qui caractérise toute la surface de la Dombes argileuse.

Qu'il soit donc bien d'accord entre nous, gens de bonne foi et de bon entendement, que la Bresse n'est point invinciblement stérile comme certains pays, et qu'au contraire plus d'engrais, plus de travail, et par conséquent plus de cultivateurs peuvent lui communiquer un assez haut degré de fécondité; mais pour absorber plus de l'eau du ciel qu'elle ne fait aujourd'hui, pour en rendre moins dans l'atmosphère (1), jamais, jamais, tant qu'il ne plaira pas aux Dieux de se mêler de la querelle. La Dombes fût-elle divisée en autant d'héritages qu'elle compte d'hectares, sa nature n'en restera pas moins l'imperméabilité, et l'imperméabilité absolue.

Au nombre, sinon des prétentions chimériques, mais bien des calculs les plus inattendus qu'il soit possible d'imaginer, il faut bien encore placer celui-ci de quelques-uns des réformateurs, et le classer avec la distinction qui lui est due. Ils énumèrent avec complaisance, et dans le plus grand détail, l'accroissement de valeur qu'ont pris depuis quelques années les propriétés du pays d'étangs, et ils en concluent tout haut qu'il faut changer le mode de culture sous l'influence duquel s'est préparé un tel état de prospérité. Mais, par là corbleu, permettez-moi le juron, Messieurs, si nos propriétés ne suivaient pas la progression ascendante des contrées voisines, si elles dégénéraient, que feriez-vous autre chose que ce que vous prétendez faire? Anomalie non moins choquante que celle de certains Genevois qui naguère demandaient l'abrogation de la peine capitale; s'autorisant de ce que depuis douze ans leur pays, sous les lois criminelles apparemment savantes et sublimes qui le régissaient, avait

(1) Il n'est question que du sol ici : je prie de l'observer.

été assez heureux pour n'avoir pas vu commettre un seul délit digne de mort. Ah ! certes, confondant ces deux velléités de réforme, bien dignes l'une de l'autre, c'est le cas ou jamais de dire avec De Maistre : «L'homme qui détruit est un enfant vigoureux qui fait pitié. »

Mais pour rentrer dans la matière : eh quoi ! il n'y a pas certainement une contrée en France dont le sol ait pris en dix ans autant de valeur que celui de notre Dombes, et vous parlez imprudemment de lui faire subir une complète métamorphose ! Bravant la trivialité de l'adage, faut-il donc vous le répéter : Le mieux est l'ennemi du bien ? Est-ce le cas de toucher à une si belle économie? Attendez, attendez au moins ; voyons ce qu'il résultera de l'heureux mouvement dont nous sommes, comme l'a dit gracieusement M. Guerre, « les témoins bien plus que les complices. » Craignons de gêner, par notre gaucherie, la ponte des œufs d'or qui s'opère sous nos yeux ; quand elle aura cessé, nous verrons. Mais à présent laissons faire, nous ne saurions mieux faire. Attendons, attendons surtout que les bons, les excellents pays n'en soient pas eux-mêmes aux expédients pour se procurer les bras nécessaires à leur riche culture.

D'ailleurs, l'attente commandée par la prudence et même la nécessité n'est point aussi déchirante que voudrait le faire supposer la sensibilité tant soit peu fougueuse de quelques réformateurs. Dès longtemps l'état normal de la population Bressane diffère de celui dont on a fait des peintures exagérées. Incontestablement la puissance vitale du cultivateur de la Dombes est en progrès, comme la puissance végétale de son sol. Il est très-rare aujourd'hui d'y rencontrer ces êtres souffreteux, aux traits livides, aux organes engorgés, comme il était si commun d'en rencontrer jadis. Ce n'est pas à dire que le sol soit devenu plus fertile et le climat plus sain; mais l'on travaille mieux le premier, et l'on se prémunit davantage contre la fâcheuse influence du second, l'on a plus de ressource pour en conjurer les effets. La vaccine comme principe général, et comme principe particulier la quinine, entrent, je n'en doute pas, pour beaucoup dans cette amélioration; et d'autant plus vraisemblablement, que ces deux moyens curatifs se passent pour ainsi dire de l'assistance du sujet : de telle manière que l'apathie, ou plus poliment énoncé, le non-vouloir reproché trop justement peut-être aux indigènes, n'est point un obstacle au succès. Il suffit ou à peu près de dire oui, et le remède agit. De là, l'efficacité de ces deux découvertes médicales sur les classes infimes de la société en général, et plus particulièrement sur celle du cultivateur de la Dombes. On lui rend la santé malgré lui, il faut bien qu'il l'accepte (1).

(1) Un autre principe qu'on pourra regarder comme peu important, mais auquel je n'hésite pas à attribuer d'heureux et sensibles effets,

Que si maintenant nous étendons notre investigation, partout nous apparaîtra une marche progressive. Les

c'est l'usage à peu près universel des parapluies. Tel qui jadis, depuis la pauvre petite bergère jusqu'au robuste charretier, recevait sur les épaules, du matin au soir, les eaux du ciel; maintenant armé de son abri portatif, rentre à la ferme sec et dispos malgré les plus perfides ondées. Quant à moi, il me semble que dans un pays comme la Dombes, d'une part de grande culture, où le temps passé hors de la ferme est nécessairement prolongé, et de l'autre où l'humidité et le relâchement de la température rend la transpiration si précaire, par le seul emploi habituel du parapluie, il y a bon an mal an un accès de fièvre à économiser par tête.

Parmi les causes améliorantes, je citerai encore celle-ci: le sabot, l'utile, le charitable sabot, dont l'invention honore plus son auteur que certaines théories qui ont mis le monde en émoi, et le feront rougir un jour, prochain peut-être; le sabot, si harmonieusement approprié aux besoins du pauvre, et à toutes les exigences générales de la vie champêtre dans la saison des pluies, était autrefois l'unique ressource des habitants de la Dombes. Cependant, il faut bien en convenir, aux époques des semailles d'avoine, de la pêche des étangs et des charrois qui en sont la conséquence, elle est tout à fait insuffisante; car les hommes qui se livrent à ces différents travaux, agissant sur un terrain profondément délayé par les eaux qui viennent à peine de se retirer, sont sans cesse exposés à voir l'antique chaussure débordée par le liquide qui l'entoure de toute part; et alors tout ce qu'elle avait de protecteur devient hostile à celui qui s'y confie. Eh bien! aujourd'hui le sabot, toujours vénéré et méritant de l'être, est communément remplacé dans les travaux spéciaux par la botte aux parois imperméables et relevées, et, grâce à leur salutaire influence, le semeur d'avoine, le habitations, nous les verrons plus vastes, plus chaudes, plus élevées, plus saines; l'alimentation en général meilleure. Autrefois les domaines où l'on trouvait du vin étaient dans l'exception, aujourd'hui ils sont dans la règle. Le froment, sans doute, n'est pas encore la nourriture universelle, mais il s'en récolte quatre ou cinq fois plus que jadis; et laissez faire les étangs, et avant dix ou douze ans un valet de ferme mettra au rang de ses premières conditions qu'il ne mangera que du pain de froment. Or, si le seigle, plante essentiellement des pays sains et élevés, semble, par ses propriétés rafraîchissantes, placé là pour combattre les dispositions inflammatoires ordinaires aux habitants des montagnes; le froment, au contraire, avide des terres grasses et humides, ne doit-il pas être, par ses propriétés toniques, la nourriture la plus favorable aux habitants des localités où la nature semble l'avoir jeté? Pour moi, en reconnaissant tout à fait mon insuffisance sur la matière, je me hasarde à espérer que l'usage universel du froment que nous sommes à la veille de voir adopté, sera un des plus puissants moyens hygiéniques qu'il y ait à mettre en œuvre sur les plaines de la Dombes.

pêcheur et le charretier ont aujourd'hui les pieds aussi secs que le faucheur et le moissonneur. Me trompé-je? mais il me semble qu'il y a beaucoup de fatigue et la moitié des dangers de ces travaux d'exception conjurés par ce simple et nouveau procédé.

Enfin, pour corroborer toutes les preuves d'un présent meilleur, et autoriser toutes les espérances d'un meilleur avenir, faites une fois ce que nous avons fait dix : placez-vous dans la campagne à une certaine distance d'une foire ou d'un marché, car dans le fort de la foule on ne distingue rien, on juge tout mal ; et là contemplez un instant les tableaux divers qui passeront sous vos yeux. Examinez ces femmes, ces hommes, ces enfants ; leurs physionomies ne sont-elles pas empreintes d'en train et de joie ? n'y découvrez-vous pas souvent de la grâce et de la fraîcheur, et même ce ton de vivacité, ce certain air d'indépendance qui croît aujourd'hui partout et pour tous, et qui peut-être portera d'heureux fruits un jour ? Leurs vêtements manquent-ils de propreté, d'élégance et du confortable relatif ? Voyez même leurs chevaux, le harnachement de ceux-ci, les voitures légères qu'ils entraînent d'un pas rapide, avec leur essieu de fer, au mépris du chêne et du bouleau accoutumés, et qu'on entend claquer au loin sur les grasses chaussées d'étangs comme les malles-postes sur nos routes de bronze. Et ensuite rappelez dans votre mémoire ce qu'à cette même place, au même jour, à la même heure, vous auriez vu il y a seulement vingt-cinq ou trente ans, et après cela vous jugerez par vous-même si le mal est aussi grave qu'on se plaît à le faire ; et si, en effet, c'est le cas de porter le fer et le feu dans une organisation qui tend si naturellement et si incontestablement à s'affranchir elle-même de ses propres misères. Car, tenez-le pour certain, le charme du *statu quo* est rompu, la Bresse est partie, je l'ai observée, je l'ai vue partir, et je maintiens son avenir, mais respecte sa liberté. Tout maximum improvise la disette au sein de l'abondance; et les mesures coercitives en apparence les plus protectrices et les plus sages gênent l'industrie, l'industrie essentiellement aux allures capricieuses, aux procédés inattendus, bien plus qu'elles ne la favorisent.

Mais alors, ne manquera-t-on pas de dire, si la réforme réclamée est aussi intempestive qu'il faudrait l'induire de vos raisonnements, comment se fait-il qu'elle ait trouvé et qu'elle trouve encore des défenseurs? Ici, la thèse change de face; ce n'est plus à l'agronome, c'est au moraliste à répondre. Eh bien :

1° Couverte de sang, suant le crime, siégeant sur des monceaux de chair humaine palpitante, étant pour elle-même un sujet d'horreur et d'effroi, dans la folle espérance d'atténuer la trop légitime exécration dont à jamais doivent la couvrir tous ses forfaits, en dépit de la passagère et honteuse indulgence de quelques têtes effarées de notre époque, la Convention rêva un jour ce qu'elle devait rêver, de l'humanité; mais, comme de raison, de l'humanité à effet, de la philanthropie, absurde ou non, barbare ou non, peu lui importait, pourvu que cela pût s'appeler philanthropie, et que les niais et les peu clairvoyants pussent s'y laisser prendre. Aussitôt l'abolition de la peine capitale est violemment réclamée, et la suppression des étangs arrêtée. Mais les populations qui n'avaient point d'atrocités à se faire pardonner, et qui prenaient seulement, comme il est naturel, leurs intérêts et le sens commun pour guide, firent de justes représentations; et bientôt, malgré son besoin ou plutôt sa rage de philanthropie, la Convention fut obligée de s'incliner, et de laisser à la justice son glaive sacré et à notre Dombes ses étangs nécessaires. Ainsi, la première fois l'erreur s'implanta et s'effaça.

Aujourd'hui ce n'est pas du sang, ce ne sont pas des crimes que certes personne ait à se faire pardonner, mais c'est de l'inquiétude, du malaise, comme un certain cauchemar, qui pèsent sur les existences, et qu'on s'efforce d'alléger. Il faut à tout prix des succès, des distractions; à tout prix il faut innover. Car, en faisant comme on faisait, on ne retire qu'un nom, que des bénéfices, quo des sensations vulgaires; et avec tout cela, de nos jours, on ne vit pas, on languit, on meurt. Vous raisonnerez en vain : c'est la loi, c'est l'instinct auquel les plus sages ont peine à échapper. Par une conséquence de cette manière d'être, on a fait, il faut bien le dire, de nombreuses et brillantes découvertes dans tous les genres, non moins positives qu'inattendues; et tant de succès inespérés, venant joindre leurs séductions aux dispositions générales, exaltent encore les esprits et semblent autoriser tous les rêves, toutes les hardiesses, toutes les entreprises. Aussi, je le demande, qui est-ce qui possède en paix et sans conteste son droit d'être en face de cette génération? Sont-ce les rois, sont-ce les Dieux, sont-ce les coutumes les plus vénérables, sont-ce les lois les plus augustes? rien, rien ne le possède de la sorte ce droit sacré, et par une représaille juste, mais effrayante, l'homme orgueilleux qui le dispute ce droit à tout ce qu'il ose juger, n'en est-il pas venu jusqu'à se le disputer à lui-même? car, si l'on permet la rapide digression, il ne faut pas s'abuser, c'est incomparablement moins par la douleur et le désespoir que l'effroyable suicide fait tant d'infortunées victimes, que par les doutes audacieux que l'homme jette sur son droit imprescriptible d'être indépendamment de sa propre volonté. Or, après toutes ces atteintes portées journellement et sans pudeur au droit de l'existence de tout ce qui existe, étonnez-vous donc qu'il y ait des hommes disposés à toiser du haut en bas nos pauvres étangs!

2° Dès longtemps la question est jugée, la gloire n'est pas moins rebelle aux hommes réunis qu'aux hommes isolés. Cependant chaque société savante veut conquérir son brevet de célébrité ou d'utilité. Celle de Trévoux a comme les autres sa noble passion, et le malheur a voulu que nos pauvres étangs se trouvassent là tout juste pour servir d'aliment à ses louables velléités.

Ainsi, la plupart des erreurs sont fouettées, trottent et galopent dans le monde. Linguet ne soutenait-il pas que le pain était un poison?

3° Un homme à qui personne n'a refusé de la supériorité, l'auteur de *Raison et Folie*, me disait peu de temps avant sa mort, que pour obtenir des succès en agriculture il ne fallait rien de moins que de la supériorité. Cette assertion d'abord me parut étrange, mais depuis l'expérience et la réflexion m'ont convaincu de sa vérité. En effet, la nature sans doute répond toujours avec sincérité et bienveillance à tous ceux qui l'interrogent sensément, et c'est là ce qui la revêt de tant de charmes pour certains cœurs ingénus qui, trop longtemps la dupe des hommes, sans cesser de les aimer pourtant, ne peuvent plus vouloir de leur commerce; mais ses réponses mesurées et tardives ne s'obtiennent souvent qu'après plusieurs années d'attente. Cependant la vie de l'homme est bien courte, que faire alors? que faire! il n'y a pas de choix, ou suivre moutonnièrement la foule et renoncer aux succès, ou pressentir les réponses de la nature. Mais les pressentir, c'est pressentir l'expérience, c'est la devancer. Or, telle besogne ne s'opère qu'à coups de noble intelligence et de jugement vigoureux, qu'à coups de supériorité. Maintenant parmi les hommes qui sous nos yeux, osant pressentir les réponses de la nature et devancer l'expérience, condamnent nos étangs, il y a des supériorités en plus d'un genre, je m'empresse de le reconnaître; mais y a-t-il des supériorités sérieusement appliquées à l'agriculture, et spécialement à l'agriculture du pays d'étangs ; et s'il y en a, y en a-t-il assez pour faire la loi ?

Je demande qu'on tienne compte de cette observation.

4° Enfin, pour qui n'a pas été à même d'approfondir le sujet, les étangs de la Dombes, nous en convenons, peuvent spécieusement s'attaquer au cri de salubrité, d'humanité, de richesse publique, et avec ces noms harmonieux y a-t-il vérité qui tienne, et méprise dont un front du dix-neuvième siècle croie avoir à rougir ?

Maintenant, qui que vous soyez, vous devez le comprendre, l'erreur ici, malgré son caractère franchement prononcé, a plus de moyens qu'il n'en faut pour justifier son existence d'erreur, et trouver des dupes ou des partisans ; qui que vous soyez, ne vous laissez donc pas ébranler par l'apparence d'enthousiasme et même la bonne foi de ses défenseurs, et abandonnez-vous avec confiance aux réclamations de votre instinct, des traditions et du sens commun ; tenez-vous pour dit que les étangs, s'ils doivent être détruits, ne peuvent l'être que par les étangs, et qu'une effroyable misère serait le résultat immanquable de leur destruction violente. Du reste, pour fortifier vos répugnances et vos convictions, récapitulons en quelques paroles les motifs qui sont de nature à vous les inspirer.

RÉCAPITULATION ET CONCLUSION.

1° Science religieuse, morale et politique exceptées, évidemment tout est en progrès de nos jours ; l'agriculture comme les autres branches des connaissances humaines a bien sa marche ascendante, cependant il est notoire que de la part des bras et des épaules agissantes l'entraînement n'est pas pour elle, et qu'en général on ne consent à arroser les champs de sa sueur qu'à regret, que dans l'impuissance de vivre des arts et de l'industrie sous le toit des cités. Il est notoire que dans les meilleurs pays même, que dans ceux où l'abondance et la sûreté des produits permettent aux métayers d'offrir à leurs valets les plus forts salaires, les sujets deviennent rares, jusqu'à craindre sérieusement d'en manquer. Que doit-ce être et qu'est-ce en effet pour la Dombes, pays de troisième ou quatrième classe ? Delà, raison péremptoire pour y respecter les machines qui économisent la main-d'œuvre.

2° En vain l'on bouleversera la Dombes, son éternelle couche d'argile sera un éternel obstacle à son assainissement, et éternellement les fièvres intermittentes y seront endémiques. De là, l'absence de motifs que peuvent avoir les populations de la préférer à tant d'autres contrées saines et fertiles qui leur tendent les bras ; de là, raison péremptoire pour y respecter les machines qui économisent la main-d'œuvre.

3° Les terres de la Dombes, par une spécialité à elle, refusent toute culture pendant quatre mois de l'année.

Ces travaux différés, pourtant il faut les exécuter : dès lors quelle besogne n'est-ce pas pour la courte saison des beaux jours? De là, raison péremptoire pour y respecter les machines qui économisent la main-d'œuvre.

4° Faute de bras et d'engrais, une vaste partie de la Dombes demeure encore absolument sans culture. De là, raison péremptoire pour respecter les machines qui suppléent les bras et fournissent des engrais.

5° Les terres de la Dombes, ingrates et légères, se laissent enlever par les eaux avec une incroyable facilité toutes les richesses qu'on leur confie; les étangs, sans fumier et presque sans culture, fournissent d'abondantes pailles qui, transformées en fumier, servent à corriger le vice radical de ses terres incapables de se suffire à elles-mêmes : ne serait-ce pas un meurtre que de détruire ces étangs?

6° La plupart des étangs de la Dombes ne se transformeraient qu'à grands frais en prairies, et ne produiraient qu'un fourrage de très-médiocre qualité : quelle séduction, là, pouvez-vous donc tant trouver à détruire les étangs de la Dombes?

7° Produit des étangs de la Dombes :

Poissons.	600,000 fr.
Assecs, messures et affanures comprises.	1,200,000
Pailles	200,000
Total.	2,000,000 fr.

Y pense-t-on bien ? deux millions de francs , et c'est positif, répartis sur quarante lieues carrées d'un sol argileux , froid et stérile ; c'est-à-dire 50,000 francs par lieue , touchés , maniés chaque année en beaux et bons écus , y pense-t-on bien ? mais c'est immense. Et jouer avec la source d'une semblable richesse ; la remplacer par des songes, par des utopies , par des calculs sans preuve ! Eh bien ! maintenant, en supposant même que cette source de richesse, que les étangs ajoutassent quelques dispositions fâcheuses à l'état normal de l'atmosphère , je demande s'ils ne répandent pas en aisance , en amélioration dans la nourriture, dans les vêtements , dans les habitations , dans tous les moyens hygiéniques , dans les procédés médicaux , dans le nombre et le talent de ceux qui les appliquent , en un mot , dans toutes les ressources possibles pour améliorer, fortifier et consoler l'existence , ne répandent pas, dis-je , plus de bien-être qu'il n'en faut pour dédommager des inconvénients douteux, et dans tous les cas, légers, qu'à la rigueur on pourrait leur reprocher ; si l'on tient compte surtout , comme de toute rigueur il faut bien le faire , du marasme effroyable qui sans eux ne tarderait pas à dévorer le pays. Donc :

8° Enfin les étangs ne portent aucun préjudice aux contrées voisines , car leur influence réelle ou supposée ne se fait sentir que dans leur littoral immédiat , ou plutôt, comme je l'ai dit , que dans la seule étendue où règne le banc de terre argileuse auquel personne ne peut rien que le Dieu qui le créa. Les étangs au contraire fournissent de paille les deux vignobles du Bugey et du Beaujolais, et par-dessus cela, et surtout fournissent de poissons abondants et à un prix modéré une ville populeuse, la seconde du royaume, qui ne mourrait pas de faim sans doute sans les tanches, les carpes et les brochets bressans, mais qui en ressentirait à coup sûr bien péniblement la privation.

Donc, tout pesé, tout supputé, de rigueur : les étangs de la Dombes doivent être sacrés pour le bon sens de l'économiste, et les hautes vues et la conscience du législateur, comme pour l'instinct et l'intelligence des populations qu'ils font vivre.

Voilà ce que, dans l'état présent, je tiens pour l'utile et le vrai, sauf à voir pour nos neveux.

www.ingramcontent.com/pod-product-compliance
Ingram Content Group UK Ltd.
Pitfield, Milton Keynes, MK11 3LW, UK
UKHW020408220726
13923UKWH00004B/1808

9 782019 623166